CHASSE A COURRE
DU LIÈVRE

PAR

C. CERFON

DEUXIÈME ÉDITION REVUE ET AUGMENTÉE

VINCENNES

AUX BUREAUX DE *L'ÉLEVEUR*

19, Rue de l'Hôtel-de-Ville, 19

1888

CHASSE A COURRE DU LIÈVRE

BIBLIOTHÈQUE DE L'ÉLEVEUR

CHASSE A COURRE
DU LIÈVRE

PAR

C. CERFON

DEUXIÈME ÉDITION REVUE ET AUGMENTÉE

VINCENNES

AUX BUREAUX DE *L'ÉLEVEUR*

19, Rue de l'Hôtel-de-Ville, 19

1888

LIÈVRE

LA CHASSE A COURRE DU LIÈVRE

Avoir le plaisir de faire de belles chasses au lièvre et à courre, voilà qui devient de plus en plus difficile dans notre bon pays de France.

La division de la propriété a rendu ce charmant sport presqu'impraticable. Il a fallu tant d'économie, de patience et de résignation au paysan français pour devenir propriétaire du sol, qu'il est arrivé à défendre ses acres avec férocité. Aussi, malgré notre passion, sommes nous entraînés, par raison, à excuser les plus dangereux ennemis de nos plaisirs cynégétiques.

Certaines contrées éloignées des grands centres et des lignes de chemins de fer ont conservé des mœurs plus douces et, surtout pour nous, plus aimables.

Leurs habitants ont encore, par habitude et tradition de la vieille éducation, la tolérance et le respect du droit de suite. Heureux sont les disciples de saint Hubert qui ont encore la chance d'habiter ces quelques rares provinces, car, en général, on peut affirmer que les déboires causés par les vexations de toutes sortes, découragent les veneurs les plus enragés et les plus endurcis.

Aujourd'hui c'est un lièvre sur ses fins qui

est assassiné devant la meute au moment où les espérances commencent à se réaliser. Le gros Colas, au bout de sa terre, est muché derrière un pommier avec sa « tutelle en zinc », ou son « faucheur »; il vient d'entendre les chiens sortir du bois; il connaît les passages et, à dix pas, il vous dégotte le capucin qu'il s'empresse de dérober en prenant la poudre d'escampette. S'il est mal avec vous, il macule Tintamare et Galandor avec le sang de sa victime pour se payer un plaisir de plus, celui de la vengeance.

Une autre fois, la chasse est rompue, les chiens sont fouaillés par un personnage qui, la trique à la main, défend le passage, sur ses vastes domaines, à l'équipage de son voisin, et uniquement parce qu'il ne veut pas qu'on passe sur son important territoire.

Le passage de quelques chiens dure cinq ou six minutes et ne cause aucun dommage appréciable, mais quelle ardente jouissance que de troubler le plaisir de son semblable, et figurez-vous que les plus petits propriétaires sont les plus insupportables. Il y en a qui en ont grand comme un mouchoir de poche, qui s'y campent des journées entières pour essayer de vous faire enrager. Bref, dans bien des pays, neuf fois sur dix, c'est à y renoncer, car, pour réussir, il faut avant tout pouvoir suivre sa chasse, aller partout et ne pas être entravé.

Cette chasse à courre du Lièvre est pourtant la plus savante et la plus difficile, celle où le succès n'est acquis qu'au chasseur expérimenté dans le grand art de la vénerie.

Pour forcer un lièvre, c'est-à-dire pour prendre à courre un animal rusé, dont les voies sont si légères qu'elles laissent à peine de sentiment, il faut, avant tout, posséder une excellente meute. Ainsi s'explique le plus expérimenté chasseur du lièvre, qui sait réussir souvent et depuis longtemps. Hommage à M. le comte de Vezins, qui a tout dit ce qu'il y avait à dire pour démontrer scientifiquement la manière de chasser le lièvre à courre. Aussi puiserons-nous souvent dans ses charmantes causeries, dans ses ouvrages et dans sa correspondance, bien des conseils utiles que nous avons expérimentés avec succès et que nous offrons à nos lecteurs sympathiques pour les aider à rectifier bien des erreurs qui les empêchent quelquefois de triompher de tant de difficultés.

Depuis l'introduction sur notre continent des races de chiens courants fabriqués artificiellement en Angleterre, on a eu pour le lièvre, la même fureur que pour les grands animaux, celle de prendre. Avec des chiens sans qualités, sans finesse de nez, sans élégance et surtout sans voix, on est arrivé les jours de bonne terre et de bon vent à prendre un lièvre en 45 ou 50 minutes ; le malheureux, poussé de très près par 15 à 18 Beagles criant tout les hectomètres, succombait forcément devant des à-vue continuels. Cavaliers, piqueurs et toutous, rivalisant de vitesse, faisaient plutôt un steeple qu'une chasse à courre. Au début, les chiens se volent la voie en la prenant à la branche ou en faisant des crochets sur les cotés. Au bout d'un quart-d'heure, un défaut. Le piqueur a vu son animal de chasse rentrer au bois ; vite à la meute ; il entraîne tous ses chiens, les remet sur la trace, et enfin, avec un peu de chance, en moins d'une heure l'animal est trouvé raide dans un sillon. Mais les autres jours, c'est-à-dire les plus nombreux, ceux de mauvaise terre et de mauvais vent, il faut les voir ces meutes de chiens anglais. Savez-vous combien de temps ils chassent un lièvre ? En mettant quelques minutes vous leur faites beaucoup d'honneur ; aussi préférons-nous nos excellents chiens français. Gorge, bon train soutenu, science, intelligence, chien savant de lui-même, relevant seul ses défauts sans le secours du piqueur, voilà celui que nous choisissons pour composer une meute. Ils sont tous susceptibles d'être bons chacun dans leur pays. En améliorant la race par des soins soutenus, par une sélection raisonnée ; en croisant dans le sang les sujets les plus sages, les plus intelligents, les plus fins de nez, on arrive dans chaque pays à reconstituer de bonnes et excellentes meutes pour lièvre. Nous nous proposons donc d'étudier les types spéciaux indispensables à la bonne harmonie, et les caractères généreux d'une meute bien composée pour aider au succès dans presque toutes les chasses.

PREMIÈRE PARTIE

LES ORIGINES ET LES ESPÈCES
DE CHIENS COURANTS

J'ai dit que, dans chaque pays, on pouvait, par la sélection et la consanguité, produire, entretenir et améliorer les espèces qui existaient autrefois. Lorsque les communications étaient difficiles et que les meutes françaises étaient entretenues soigneusement par les grands seigneurs et les têtes couronnées, il y avait dans chaque zone des types de race qui s'établissaient sous les influences climatériques et finissaient par se fixer. Il faut remonter au règne de Louis XIII pour admirer la splendeur de la haute vénerie et les admirables meutes de chiens français.

M. Le Coulteux de Canteleu classe les races de chiens courants en onze espèces, dont quatre races royales, ainsi nommées parce qu'elles ont composé les équipages de nos monarques jusqu'au règne de Louis XV :

1° Chiens de Saint-Hubert ;
2° Chiens blancs, dits Greffiers ;
3° Chiens fauves de Bretagne ;
4° Chiens gris de Saint-Louis ;
5° Chiens de Gascogne ;

6° Chiens normands ;
7° Chiens de Saintonge ;
8° Chiens du Poitou ;
9° Chiens de Bresse ;
10° Griffons de Vendée ;
11° Chiens d'Artoïs.

Toutes les autres races ou sous-races proviennent de ces onze premières espèces.

Tout en admettant, comme M. le Coulteux de Canteleu, cette classification, nous nous éloignons de son opinion lorsqu'il accepte celle du roi Charles IX qui n'admet que quatre races royales dans sa nomenclature des races primitives en faisant des autres des races dépendantes.

Charles IX avait raison à son point de vue, dans son milieu, mais ne connaissait pas toutes les races françaises. Sans doute il avait les meilleures pour courre le cerf, le loup et le sanglier, parce qu'il était roi de France et grand amateur de vénerie ; mais les autres espèces décrites plus haut étaient déjà typées sous son règne, car nous avons la preuve qu'elles existaient toutes ou presque toutes.

Il y en avait d'autres aussi qui existaient et qui sont mises au troisième ou au quatrième plan par les grands connaisseurs ; ce sont celles qui doivent nous servir pour former nos équipages de lièvre et qui certes sont les meilleures. Ces races sont plus petites, plus intelligentes, plus gaies et je dirai même plus laborieuses. Nous les retrouvons en Franche-Comté, dans l'Ariège, le Limousin, l'Auvergne, la Lorraine et l'Artois.

Ne les confondez pas avec ce qu'on est convenu d'appeler le briquet de pays qui est généralement le produit dégénéré d'un chien d'espèce avec un toutou de clair de lune et qui est bon à chasser tous les gibiers pour les chasseurs à tir. Il est du reste trop violent et trop emporté pour avoir une menée droite et régulière, qualité indispensable pour forcer un lièvre.

Nous écarterons donc tous les briquets et les grands chiens d'ordre et nous prendrons nos types dans les sous-races désignées ci-dessus pour composer nos meutes de chasse à courre pour lièvres.

Ces sous-races sont toutes de pur sang, elles reproduisent parfaitement leurs semblables. Elles sont vives et légères, ont la finesse de nez très délicate, la menée droite et brillante, la gorge au timbre vibrant et prolongé, la sagesse et la vivacité intelligente, qualités indispensables dans la chasse du lièvre.

Je connais quelques meutes de Franc-Comtois et d'Ariégeois qui prennent neuf fois sur dix et sans le secours du piqueur; bien des sujets sont de change, même sur le lièvre, et j'ai eu l'honneur d'en posséder plusieurs. Je me rappelle un Franc-Comtois, chien de tête extraordinaire et serrant de près un lièvre sur ses fins; ayant relevé à vue son animal il se trouva arrêté et embarrassé dans un défaut provenant d'une dernière ruse : un lièvre frais bondit de son gîte et à son nez et entraîne toute la meute en brillant bien allé; mon Franc-Comtois fait cent mètres, mais revient au défaut laissant les ignorants continuer leur faute; une minute après il tenait sa victime entre ses pattes et lui faisait chanter le chant du cygne; aussi lui ai-je offert pour récompense une curée copieuse et délicate : il a mangé le lièvre en ne laissant que la tête et les quatre pattes.

J'ai encore en ce moment un Ariégeois de change sur lièvre et qui est encore plus savant que ne l'était mon Franc-Comtois. Aussi, en bonne terre et bon vent, le succès est immanquable, sans le secours du piqueur, avec une bonne meute de chiens d'ordre composée avec un peu moins de taille et un peu plus de légèreté et d'élégance. Nous allons maintenant décrire la composition d'une meute bien ordonnée et bien comprise. C'est là que gît toute la science du chasseur de lièvre.

LA MEUTE

Je n'ai pas l'intention de décrire les qualités physiques et les types spéciaux servant à la composition des meutes pour la Chasse du Lièvre. Des écrivains cynégétiques de grand talent se sont occupés de cette sérieuse question qui, du reste, a été traitée avec une science incomparable. Après Du Fouilloux, Charles IX et Gaston Fhœbus, etc., pour les anciens, le Coulteux de Canteleu et le baron de Noirmont pour les modernes, il n'y a plus rien à apprendre et nous nous inclinons devant ces illustres maîtres que nous sommes heureux de consulter si souvent.

Je ne commencerai pourtant pas la description d'une meute sans vous recommander deux races de chiens français que j'ai appréciées personnellement et que j'ai l'honneur de posséder encore. Je veux parler des races Ariégeoises et Franc-Comtoises qui réunissent chacune dans leur genre toutes les qualités indispensables pour prendre vite et souvent. Je me suis procuré la première chez un des chasseurs de lièvres les plus heureux et les plus érudits du Midi. J'ai retrouvé les Francs-Comtois, les vrais chiens de Porcelaine, dits de la Gendarmerie de Lunéville, dans la meute du docteur Coillot, de Montbozon (Haute-Saône), exposée en 1878 et en 1884, à Paris, où j'ai enfin eu le plaisir de faire la connaissance du propriétaire qui m'avait vendu sa plus belle chienne, Badinette, après la première exposition. L'année dernière, Valdine, fille de Badinette, a eu au Jardin des Tuileries les mêmes succès que sa mère. Je tiens à donner ces détails pour détruire une bonne foi le préjugé attaché à la consanguinité, car ces chiens, qui sont des modèles de vigueur, joignent à toutes les qualités morales des formes admirables et une gorge extraordinairement belle. Par une sélection très sérieuse et une nourriture à la viande de cheval, j'ai rétabli une race qui a toute sa splendeur d'autrefois.

Mes Francs-Comtois ont au moins cent sept ou cent huit ans d'origine dans la consanguinité.

Voici du reste ce qu'en dit M. le comte le Coulteux de Canteleu, dans son livre *Études de vènerie*, traitant des races de chiens courants français au dix-neuvième siècle :

« Cette race de chiens courants, appartenant au docteur Coillot, de Montbozon (Haute-Saône), est bien la pure race Franc-Comtoise. Ces petits chiens blancs et oranges, sont les purs descendants de cette race fameuse de chiens de lièvre formée et entretenue jadis par les abbés de Citeaux et que le marquis de Foudras a si justement vantée dans le récit des chasses de la Gendarmerie de Lunéville.

« Cette race de chiens courants, écrit le docteur Coillot, vient primitivement de l'abbaye de Luxeuil. Une paire en avait été donnée avant 1789, à mon grand-père qui, déjà docteur en médecine, avait eu le bonheur de guérir d'une maladie grave M. de Clermont-Tonnerre, alors supérieur de cette abbaye. »

Ces chiens sont élevés en liberté chez les cultivateurs du pays ou chez le propriétaire lui-même jusqu'à l'âge d'un an environ ; à cet âge, et même quelquefois plus tôt, ils commencent à se déclarer. Ils sont alors adjoints au gros de l'équipage et chassent en meute une fois sur deux, par les beaux jours, pour ne pas les ruiner.

Ils sont rarement atteints de la maladie des jeunes chiens d'une façon sérieuse et n'ont généralement aucune affection de la peau même dans un âge avancé,

Le caractère de ces chiens est excellent, ils sont dociles, se créancent vite et bien. Ardents sans être ambitieux ni emportés, ils quêtent avec beaucoup d'ensemble. Ils rapprochent admirablement, pendant des distances parfois considérables, à toute heure du jour à l'arrière saison, ce qui prouve la finesse de leur nez. Tout animal rapproché est toujours attaqué et mené d'un train assez rapide pour que les chasseurs à pied aient peine à suivre, malgré la gorge remarquable de ces chiens qui sont tous francs hurleurs.

Dans les défauts, ils requêtent avec activité mais avec sagesse et sur place ; ils ont rarement besoin d'aide, car ils sont très tenaces sur leur voie et suffisamment expérimentés pour chasser sans appui.

Malgré l'abondance du Lièvre, les changes sont rares, et plus rarement encore y a-t-il deux chasses simultanément.

Ces chiens sont à peu près exclusivement dans la voie du Lièvre et du Chevreuil. Ils méprisent le renard, etc.

Ainsi, nous retrouvons d'un bout de la France à l'autre des races de chiens de types très différents, des Ariégeois et des Francs-Comtois, mais qui ont les mêmes qualités.

Chiens de Lièvre, chiens de change et surtout horreur du fauve, tenaces sur leur voie et forçant sans le secours du piqueur ; voilà qui en indique assez pour les véritables amateurs.

Allez donc offrir la comparaison avec les chiens anglais. Avez-vous jamais vu, un jour de mauvais vent, une meute de Beagles, de Foxhound ou de Harriers, forcer un lièvre sans le secours du piqueur ? Non n'est-ce pas. Aussi vous comprendrez avec quelle instance je recommande aux véritable chasseurs de Lièvre les races adaptées depuis des siècles à ce genre de chasse.

Je devrais aussi vous recommander les chiens d'Artois. Car voici ce qu'en dit Sélincourt dans son *Parfait Chasseur :*

« Ces chiens, bien avallés, de poil gris et fauve, que tenaient les seigneurs de Picardie, étaient les meilleurs chiens qu'on ait jamais vus courre le lièvre en tout pays, car ils étaient justes à la voie, requêtant merveilleusement et rapprochant un lièvre passé d'une heure dans les sécheresses ; ils avaient de belles gorges et des voix hautaines qui se faisaient entendre d'extrêmement loin ; c'était des chiens qui chassaient le loup comme le lièvre et ne voulaient point du renard, ils sont très beaux, de belle taille, ont la gaillardise des chiens français et la sagesse des chiens anglais, tournent bien, sont justes par leur manière de chasser très plaisante, donnent plus de plaisir à un rapprocher que tous les autres chiens en une chasse entière. »

Si, de nos jours, les chiens d'Artois étaient ceux décrits par Sélincourt, je me ferais un devoir de les recommander, mais, malheureusement, ils ont en général perdu de leurs qua-

lités ; ils sont devenus tricolores, beaucoup sont
à manteaux noirs et, par leur violence et leur
indiscipline, dénotent une mésalliance et des
anciens croisements avec Briquets ou Harriers
anglais.

Il y a dix ou douze ans, M. le comte le Coulteux de Canteleu comptait encore quatorze
principaux équipages composés avec des chiens
d'Artois dans la voie du Lièvre et les recom-
mandait chaudement. Quant à moi, j'en connais plusieurs mais je n'ai jamais vu prendre un
seul lièvre sans le secours du piqueur. Il est
probable que je n'ai pas vu la fine fleur, et je
consens, par précaution, à m'incliner devant
l'opinion et les conseils des grands maîtres.

Si cette province de l'Artois était plus éloi-
gnée de la Grande-Bretagne, il est probable que
j'aurais le plaisir d'y retrouver l'ancienne race
française aussi pure que celles des Francs-
Comtois et des Ariègeois.

Nous arrivons enfin à la composition de la
meute. Nous pensons que pour la bonne harmonie on doit d'abord s'appliquer à n'avoir
qu'une race, la suivre, la perfectionner et
l'améliorer par une bonne nourriture à base
de viande et une sélection savante et raisonnée.

Nous ne pouvons mieux faire que de vous
mettre sous les yeux les pages remarquables
écrites par M. le comte E. de Vezins dans
son ouvrage sur les chiens courants français, pour la Chasse du Lièvre dans le Midi de
la France.

Je copie textuellement :

« La création d'une meute pour lièvre exige une combinaison savante et un choix judicieux dans les sujets qui sont appelés à la composer.

« Un bon équipage doit réunir divers genres de qualités, qui, intelligemment groupées, se combinant entre elles, viennent concourir au succès final, à la prise du lièvre.

« Les chiens, par des secours mutuels et différents, doivent s'aider les uns les autres, s'attachant à ne pas perdre la trace, tout en la suivant le plus vivement possible : ils ne doivent donc pas avoir le même genre, car ils feraient le même travail, et, dans ce cas, trois ou quatre bons chiens conduiraient aussi bien la chasse à eux seuls ; l'avantage de la meute est de pouvoir réunir diverses spécialités, qui ont chacune leur incontestable utilité. »

Ainsi donc, la meute doit se composer comme un orchestre où chaque artiste joue sa partie dont l'ensemble forme l'harmonie. Si, dans un orchestre bien compris, le chef d'orchestre a la première place, dans la meute nous la donnons au chien de tête et nous déterminerons les différents groupes de la manière suivante : Les chiens de chemins, les requérants et les musiciens.

Un grand équipage n'est pas nécessaire pour forcer le lièvre. Avec douze à quinze chiens on peut, avec un train soutenu, sur le pied de huit à dix kilomètres à l'heure, forcer un gros lièvre bien râblé en deux heures, deux heures un quart.

Ainsi donc, avec un chien de tête trois ou quatre chiens de chemin, trois ou quatre requérants et six ou huit musiciens, on peut, si l'ensemble est bien ameuté et bien compacte, réussir aussi bien et même mieux qu'avec une meute composée de vingt-cinq ou trente chiens, car il est rare, dans ce dernier cas, de pouvoir réunir un noyau sérieux sans quelques non-valeurs qui gênent plutôt qu'ils n'aident ceux qui contribuent par leur travail à la prise de l'animal.

Certains veneurs donnent une classification de la meute un peu plus détaillée : Ils désignent les requérants et les musiciens sous le nom de chiens du centre pur, centre avancé, chiens seconds ; d'autres admettent des chiens de crochets qui remplissent le rôle de flanqueurs et qui travaillent sur les côtés de l'équipage ; généralement ces chiens de coupe sont des voleurs de voies et des ambitieux, et, d'une manière radicale, je ne saurais les tolérer dans un ensemble bien ordonné. Je ne dis pas que quelquefois ils ne sont pas susceptibles d'abréger le travail de la meute en entraînant vigoureusement sur un crochet des chiens embarrassés sur des doubles voies ; c'est possible et même probable. Mais, en somme, malgré cette précieuse qualité, ils sont tellement perturbateurs que je préfère les condamner et par conséquent je conseille de s'en passer.

LE CHIEN DE TÊTE

Le proverbe dit : on naît cuisinier, on devient rôtisseur. Il peut dire aussi : On naît et on ne devient jamais chien de tête.

Ne croyez pas que le chien bien doué peut devenir chien de tête par l'expérience acquise. Cette erreur est du reste très facile à démontrer. Sa dénomination est due simplement à son genre de chasse, à ses qualités naturelles et à ses aptitudes physiques et morales.

Le chien de tête déteste instinctivement les voies froissées, il ne les goûte avec amour que lorsqu'elles sont fraîches et vierges du passage des autres chiens. Son tempérament décidé et entreprenant, la franchise de son caractère, l'entraînent à se porter en avant.

Ne confondez donc jamais ses précieuses qualités avec les défauts des ambitieux et des violents.

Ces derniers types, malheureusement trop nombreux dans les équipages d'Artésiens et surtout d'Anglais, n'ont qu'un seul soucis. C'est d'être les premiers quand même. C'est alors que vous voyez défauts sur défauts les jours de mauvaise terre. Piqueurs et valets de chiens cherchant le *vol de lest* dans toutes les directions : Au retour Fino, — Où qu'il est là mes beaux, etc., etc.; — pour aider à la meute; et pendant ce temps-là, notre gaillard, les deux oreilles couchées sur le dos, rentre au bois en rusant tant qu'il peut et au moment où les chiens gagnent seulement la plaine.

Allez donc faire la chasse à courre avec une menée aussi décousue. Au contraire, le vrai chien de tête ne se porte en avant que guidé par sa propre nature décidée et entreprenante, que parce qu'il a la menée droite et ajustée, et qu'en toutes circonstances il est le maître parce qu'il mérite de l'être, parce qu'il entraîne à coup sûr, par son intelligence savante et son initiative brillante, tous ses autres camarades qui le connaissent et lui obéissent comme à un supérieur.

Aussi, doit-on apporter un soin scrupuleux au choix d'un bon chien de tête.

Les qualités indispensables à un bon chien de tête sont classées et énumérées dans la perfection par notre illustre maître, M. le comte de Vezins. Nous n'avons donc qu'à les écrire comme il nous les a données. Elles peuvent s'appliquer à tous les chiens français qui chassent le lièvre à courre :

La sagesse ;
La finesse de nez ;
La chasse droite ;
La gorge ;
Le fond et le train ;
La distinction des formes.

La sagesse. — Quelle admirable vertu que la sagesse ! C'est bien la première qualité indispensable à ceux qui ont l'honneur et le don naturel de conduire et de diriger leurs semblables. C'est par la sagesse qu'on acquiert une confiance aveugle. C'est par ses bons exemples qu'on domine et modère les ambitieux, les violents, les jeunes, les fous, les indisciplinées et qu'on rappelle au devoir tous ceux qui s'écartent du travail d'ensemble.

Chez un bon chien de tête, la sagesse consiste à ne jamais se laisser emporter par son ardeur naturelle, à bien goûter la voie avec entreprise et décision et à la maintenir avec assez de méthode pour savoir s'arrêter dès qu'elle lui fait défaut.

La finesse du nez. — Il est tout naturel que la finesse de nez soit une qualité maîtresse et indispensable au chien de tête.

Dirigeant personnellement une action, il ne peut compter que sur ses propres forces. Ses autres camarades, groupés derrière lui, peuvent à l'occasion s'aider ou s'appuyer les uns sur les autres. Mais lui, avec sa responsabilité et ses devoirs, il a besoin d'être doué très finement et surtout de qualités délicates. C'est pourquoi la puissance olfactive doit être incomparable chez un bon chien de tête.

La chasse droite. — Cette qualité n'est que la conséquence des deux premières. Un chien sage et fin de nez chasse toujours droit. S'il a bonne terre et bon vent, la colonne de frais se maintient plus compacte et les sentiments de l'animal sont plus faciles à saisir. Aussi le chien chasse-t-il le nez haut sans s'écarter de la ligne tracée par le lièvre de chasse. Si par hasard la terre est mauvaise et que le vent l'empêche de conserver la couche de venaison qui peut devenir si légère qu'elle s'évapore presque instantanément; le chien, tout en chassant droit, porte la tête moins haute et goûte la voie avec précaution dans l'empreinte laissée par le pied du lièvre en faisant grand usage de sa sagesse, de sa prudence et de sa décision. Vous le voyez le nez sur le piquet, puis relevant la tête en donnant de la voix et s'assurant ensuite qu'il est bien sur la trace. C'est ordinairement dans les mauvais jours, qu'on sait apprécier toute la valeur d'un bon chien de tête.

La Gorge. — Il commande à une petite armée. Il la dirige, l'arrête en pleine action, l'entraîne vigoureusement après ce ralentissement causé par un excès de prudence. Il lui faut naturellement la gorge de l'emploi. Elle doit être forte, sonore et bien timbrée.

Lorsque les jours de tempête et de brouillard, le son se transmet difficilement dans l'atmosphère, il faut au chien de tête une gorge remarquable et dépassant toutes les autres pour rallier l'équipage. Surtout en rempaumant la voie après un défaut ou un balancé.

Le Fond et le Train. — Il est le premier à l'attaque, il sait conduire la victoire. Il a les plus grands devoirs et ne doit jamais fléchir en n'importe quelle circonstance. Aussi, doit-il avoir sur l'équipage, un train supérieur et un fond à toute épreuve, pour pouvoir conserver le droit d'être toujours le premier et de l'être quand même. S'il en était autrement son naturel de chien de tête serait dominé par l'ambition. Se maintenant difficilement le premier, ses qualités disparaîtraient devant les efforts qu'il serait obligé d'employer pour conserver son poste et il n'aurait plus le prestige indispensable pour conduire la meute qui fatalement se désorganiserait. Aussi conseillons-nous de mettre à la retraite tous les vieux serviteurs qui manquent de pied. Beaucoup d'entre eux, du reste, ne souffriraient pas le déshonneur et pour maintenir leur vieille et noble réputation préféreraient abandonner la partie lorsqu'ils seraient à bout de force plutôt que de laisser prendre leur place.

La chasse brillante et la distinction des formes. — Si ces qualités ne sont pas indispensables, elles sont néanmoins importantes et agréables. Le plaisir des yeux n'est pas plus à négliger à la chasse qu'ailleurs et si le choix d'un bon chien passe avant celui d'un beau chien, je crois qu'il est préférable de le posséder bon et beau. Les compliments mérités sur la tenue et l'élégance des principaux sujets qui composent la meute, sont toujours flatteurs pour l'amour-propre du maître d'équipage, aussi conseillons-nous autant que possible, de choisir notre chien de tête brillant et distingué.

CHIENS DE CHEMIN

Presque tous les auteurs cynégétiques et les chasseurs aux chiens courants s'accordent sur les qualités spéciales qu'on attribue généralement aux chiens de chemin.

On les croit doués d'un instinct particulier pour suivre ou retrouver la voie sur les routes et les terrains rocailleux. Ils se distinguent parmi les autres dans ce genre de difficultés et triomphent presque toujours devant l'impuissance de leurs semblables.

A première vue et en tenant compte de l'opinion de véritables observateurs, le chien de chemin semble doué d'un talent véritablement original, et c'est oser beaucoup que d'essayer la controverse sur une pareille thèse sanctionnée et établie par tous les disciples de saint Hubert. Tous les jours, vous entendez autour de vous dire : « Je manque de chien de chemin, je perds ma chasse par les trop grands défauts que j'ai sur les routes ; » ou bien : « Je réussis souvent, grâce à mon chien de chemin. — Lorsque nous avons mauvaise terre et mauvais vent, nous sommes toujours sauvés par nos chiens de chemin, etc., etc. » En effet, les routes et les terrains rocailleux offrent, par certains temps, de grandes difficultés dans la chasse du lièvre, et lorsqu'un animal a rusé en faisant des hourvaris sur une route, l'a montée de cent mètres, l'a redescendue de cinquante mètres, l'a remontée de dix mètres, s'est jeté de côté, est entré sous bois, a retraversé la route, en a fait autant de l'autre côté, et, finalement, après avoir sauté pendant sept ou huit mètres sous bois, a repris son chemin en se tirant les grègues, le chien de chemin qui maintient la meute et qui débrouille la ruse est un animal bien précieux et même indispensable pour réussir souvent, car pendant qu'il travaille sur son chemin, les réquérants de plus grande entreprise saisissent le dernier crochet que le chien de tête s'empresse de reconnaître en rempaumant la voie pour enlever l'équipage en brillant bien-aller.

Avant de rendre compte de mes observations personnelles sur le travail des chiens de chemin, je demande l'autorisation à mes lecteurs de leur soumettre une autre théorie qui n'engage que mon opinion, tout en honorant du plus profond respect les opinions contraires.

Je crois que tous les chiens sages, réfléchis, de nature laborieuse et un peu collés à la voie par tempérament, sont ou deviennent facilement chiens de chemin lorsqu'ils ont le nez fin et délicat, et j'ai la ferme conviction que toutes ces qualités unies entre elles sont les seules conséquences du travail remarqué sur les chemins. Dans un bois, le chien a beaucoup plus de facilité qu'en pleine : il s'aide à la branche, aux herbes et aux terrains garantis par les feuillages ; le sentiment d'un animal se retrouve toujours par plusieurs points de repères ; les vents contraires ont moins de prises pour effacer les traces. En plaine, les jours de mauvaise terre, avec un gibier qui file dans le vent, on a déjà beaucoup de mal de maintenir le train d'une chasse, et on voit déjà le travail des chiens dits de chemin prendre un développement qui n'est pas nécessaire en forêt. Ce sont eux qui fournissent souvent les premières voies sur les balancés. Lorsque le chien de tête n'a pas devant lui les moyens d'exercer franchement son commandement, lorsqu'il est obligé d'hésiter, de ralentir, d'être prudent et sage même, vous voyez ces chiens, dits de chemin, le nez collé contre terre, prenant pied à pied le sentiment du gibier en donnant un coup de voix après chaque reconnaissance certaine. Aussi faut-il exiger, dans ce genre, des chiens d'une confiance absolue, ne donnant jamais à faux. Si enfin, après la difficulté de la plaine, nous nous trouvons dans ces mêmes mauvais jours, avec de grands vents de Sud, raffalant les traces laissées par le lièvre sur des routes sèches, dures, rocailleuses, où l'animal se plaît par instinct à exercer ses ruses naturelles pour échapper à l'ennemi qui le poursuit, oh alors! c'est là que vous pouvez réellement juger toute les précieuses qualités de ces types spéciaux.

Les jeunes chiens se requêtent bien, mais n'ont pas encore la science nécessaire pour débrouiller les contre-voies, tandis que les vieux roués, ceux qui en ont tant vu et à qui on ne peut plus en conter, vous les voyez se rendre maîtres de toutes les difficultés : ils montent le chemin, le redescendent, le remontent, s'arrêtent, puis repartent au défaut pour s'assurer qu'ils ne se sont pas trompés. Enfin, ayant l'expérience des quatre ou cinq crochets qui, en somme, constituent à peu près toute la ruse du lièvre, ils prennent avec assurance la manière qu'ils ont jugée la plus intelligente et la plus adroite, et, suivant pied à pied, le nez contre terre, la trace du gibier, ils ne tardent qas à redonner la voie à la meute.

C'est lorsqu'on a été témoin oculaire des ruses du lièvre qu'on sait juger la science et l'intelligence du chien de chemin. Son expérience et son instinct ont autant de valeur que ses aptitudes physiques, et ceux qui prétendent que certains sujets gagnent en vieillissant dans ce genre d'exercice ont cent fois raison. En somme, on ne trouve guère les bons chiens de chemin que dans les sujets d'un certain âge. Nous croyons être dans la vérité, sauf des cas exceptionnels, en affirmant qu'un chien bien doué ue peut acquérir sa science avant l'âge de quatre ans.

LES REQUÉRANTS

Tous les chiens courants devraient être plus ou moins requérants, aussi, nombre d'auteurs cynégétiques classent-ils cette aptitude dans leurs qualités générales. Cependant, comme conséquence de ma démonstration sur les chiens de chemin, je crois bien faire en classant les requérants dans un genre spécial.

Nous avons dit que si les chiens de chemin étaient doués d'une puissance olfactive plus que délicate, ils étaient, par leur naturel, presqu'esclaves d'une manière de chasser, qu'ils quêtaient particulièrement le nez collé à la voie et que leurs qualités physiques étaient maîtresses de leurs qualités morales.

Les requérants, au contraire, commandent leur naturel et ils ne sont de grande entreprise que parce que leur intelligence est toujours maîtresse de leurs aptitudes physiques.

Je sais que l'originalité de ma thèse est susceptible d'être attaquée par des adversaires convaincus, mais, convaincu moi-même par l'observation et l'expérience, je pose en fait que le chien de chemin est dominé par ses qualités morales, étant donné naturellement qu'il soit susceptible, suivant les sujets, d'être plus ou moins doué dans tous les sens.

Un requérant intelligent sauve toujours la situation ; il commence d'abord par se rendre compte des difficultés à vaincre, cherche et recherche avec activité aux environs du défaut, puis, lorsque par une de ces causes bizarres et si faciles à rencontrer en chasse, le chien ne retrouve pas la trace, vous le voyez commencer son cercle qu'il élargit de plus en plus. Enfin, si avec tout ce talent développpé il ne parvient pas à retrouver la voie, c'est alors qu'il devient admirable d'instinct et d'intelligence : Il se détache de l'ensemble de la meute, pique des pointes de 150, 200 et 250 mètres de rayon et fait d'immenses cercles en retour, mais en dedans cette fois et en se rapprochant du défaut.

Ces excellents chiens sont bien ceux qui procurent aux veneurs passionnés ces émotions et ces admirations enthousiastes qui vont droit au cœur.

Vous avez perdu votre chasse à un carrefour de chemin ou sur une mauvaise terre raffalée par un vent contraire ; les chiens se requêtent à la même place dans un cercle relativement étroit, les uns sont découragés et attendent le secours du piqueur, les autres ont fait tout ce qu'ils ont pu et sont restés impuissants à vaincre la difficulté si souvent inexplicable ; ils ont battu en tout sens un hectare de terrain, et rien ! toujours rien ! Le découragement et l'oreille basse c'est tout ce qu'ils rapportent au .centre du défaut. Soudain, à 500 mètres, vous entendez le vieux vainqueur qui, de sa voix rauque et sonore, vous avertit que tout n'est pas perdu. — Ah ! cher lecteur, permettez-moi de vous faire partager mes plus belles émotions ! Ce sont les plus vives que le bienheureux Saint Hubert puisse nous envoyer. C'est incontestablement le moment de la chasse le plus émouvant, surtout pour notre caractère français qui ne brille pas toujours par la ténacité. Nous sommes si faciles à décourager que l'espoir nous revient subitement et nous donne un cœur de lion. Aussi, avec quelle joie, quelle ardeur accueillons-nous ce coup de gorge sauveur ! Comme nous enlevons la meute avec frénésie ; le son de la trompe se marie aux cris des chasseurs pour rendre hommage et couvrir de gloire le triomphateur.

Le chien requérant, d'un âge expérimenté, c'est jusqu'à extinction et je dirai même jusqu'à l'entêtement qu'il poursuit son but.

J'ai vu très souvent, en plaine, un propriétaire, bordé d'un mauvais poil, rompre les chiens en pleine chasse et les faire rentrer en forêt sur les appels de la trompe, puis ordonner au piqueur d'entraîner sa meute à 258 ou 300 mètres plus loin, toujours en suivant la lisière de la forêt et par conséquent forçant le garde récalcitrant d'en faire autant (celui-ci guidé par l'espérance de recommencer). Eh! bien, chers lecteurs, savez-vous jusqu'où les vieux requérants poussent l'intelligence ? ils retournent tout simplement à l'endroit ou on les avait rompus, rempaumant la voie encore fraîche, entraînant toute la bande joyeuse en brillante chasse, et vous voyez d'ici le nez du bonhomme trop courte botte pour atteindre les coureurs à quatre pattes.

Le spectacle d'une faute ainsi réparée nous cause une satisfaction bien agréable, à laquelle se mêle avouons-le, une pointe de vengeance satisfaite, certainement bien innocente. La chasse à souvent ainsi des incidents piquants couronnés d'un heureux dénouement, grâce à cette fine et puissante intelligence de nos vieux requérants.

LES MUSICIENS

Le titre en dit assez, aussi, faut-il exiger de chaque sujet, une gorge remarquable formant ensemble un harmonieux accord.

Les chiens qui font partie de la musique,

sont généralement dociles et ne possèdent que des qualités très ordinaires. Dès qu'ils sont bien criants, qu'ils rallient rapidement, et surtout pas bavards, ils ont leur place marquée dans l'ensemble de la meute. Il est tellement difficile de pouvoir assembler douze ou quinze chiens, qu'on doit se trouver très heureux de posséder de bons premiers sujets et de grouper à la suite le noyau de musiciens accompagnateurs destinés à exécuter servilement la besogne tracée par les chiens d'entreprise. Il ne faut pas croire qu'on arrive tout d'un coup à la parfaite composition. C'est par un soin continuel, une attention soutenue et une réserve d'élèves toujours en état, qu'on peut renouveler et remplacer les chiens qui viennent à manquer. Lorsqu'on à la chance d'avoir les éléments indispensables, c'est-à-dire chiens de tète, de chemins et requérants avec sept ou huit bons chiens de musique sans vices et doués ordinairement, on doit se déclarer satisfait; enfin, si dans le groupe qui nous occupe on est assez heureux d'avoir plusieurs sujets de première qualité, la meute n'en est que plus allante et la besogne des têtes de colonne se trouve considérablement soulagée. Plus il y en a qui aident à la prise, plus tôt elle est faite. Cependant, permettez-moi, en chasseur pratique, de vous conseiller de ne pas chercher l'idéal et de ne demander aux musiciens que de la gorge, de l'ensemble, de la docilité et surtout de l'obéissance aux chiens expérimentés et qui ont fait leurs preuves.

Maintenant que nous avons énuméré et étudié tous les éléments qui composent une meute pour prendre le lièvre à courre, nous allons entrer dans les considérations générales indispensables et parler des qualités physiques et morales de tout chien qui doit chasser en groupe. Nous signalerons aussi les imperfections et les vices susceptibles de faire bannir tout animal qui en est plus ou moins atteint et nous vous dirons de pendre sans rémission celui qui désorganise l'harmonie.

C'est dans le groupe des musiciens que vous devez chercher à avoir quelques bons rapprocheurs, c'est-à-dire des chiens bien criants et bien ajustés sur les vieilles voies et surtout sur les voies froides. Lorsque vous découplez en campagnes sur les lisières des forêts et que vous cherchez une rentrée qui doit vous conduire à l'endroit où le lièvre est gîté souvent depuis quelques heures, deux ou trois bons rapprocheurs travaillant bien la quête et donnant de la voix de temps en temps, sont d'un agréable secours pour aider et animer les chiens qui ne se rendent pas encore assez compte du sentiment de l'animal de chasse. La quête devient plus active et plus vive au fur et à mesure que l'on approche; les voix des rapprocheurs se répètent plus souvent, quelques-unes ne sortent de la gorge que par un petit pipement qui anime toujours tous les chiens et si vous examinez bien vous voyez les sujets moins doués regarder les plus expérimentés et courir vers eux dès qu'ils tournent la queue en plusieurs moulinets, car c'est à ce moment que le rapprocheur donne de la voix. Le mouvement de la queue d'un chien en quête va plus ou moins vite, de gauche à droite, mais dès qu'il ne cherche plus et qu'il a trouvé vous le voyez faire lentement le moulinet en question et toujours le nez contre terre.

C'est généralement à l'endroit ou le lièvre s'est arrêté et dans tous les rapprochés bien observés par les piqueurs ramassent les crottes de lièvre et qu'ils prétendent en en vérifiant la forme pouvoir affirmer connaître le sexe de l'animal qu'ils poursuivent. J'ai fait bien des observations sur des lièvres de différents âges et de différents sexes, soit sur des animaux en liberté ou en captivité, j'ai le regret de vous dire que jusqu'à présent je n'ai rien trouvé de concluant: je puis avoir tort. Je crois même que j'ai tort devant les affirmations de gens que je considère comme savants et expérimentés. Cependant je ne suis pas convaincu quoique n'ayant relevé que de rares erreurs sur certains dires suivis et répétés en différents endroits et sur différents animaux.

~~~~~~~~~~

DEUXIÈME PARTIE

QUALITÉS GÉNÉRALES
DES CHIENS COURANTS

———

Après avoir énuméré les différents genres indispensables à la bonne composition d'une meute, nous allons nous occuper des qualités à rechercher et des défauts à combattre chez les sujets groupés pour la chasse du Lièvre.

La meute doit être composé de douze ou quinze chiens environ; ils doivent avoir le même pied, être de la même race et, autant que possible, habiter le même chenil. Lorsqu'ils sont assemblés ou accouplés pour le départ et le retour de la chasse, il est bon de les habituer à être toujours avec les mêmes camarades.

Si, pour des motifs imprévues, certains chiens ne conservent pas le pied de l'ensemble de la meute, il ne faut pas hésiter à s'en séparer immédiatement.

Le chien courant doit, avant tout, chasser avec sagesse et mesure; il doit suivre la piste avec méthode et avoir l'instinct de savoir qu'il chasse en compagnie et qu'il fait cause commune avec les autres chiens.

Le jour où, par ambition, égoïsme ou paresse, il se désintéresse de la communauté pour
~~~~~~~~~~

chasser seul et à sa guise, il faut radicalement le supprimer; il peut donner le mauvais exemple et désorganise presque toujours la bonne harmonie si nécessaire à la prise du Lièvre.

Il est bien entendu qu'on est forcément obligé de supporter l'inexpérience des élèves, mais je conseille sur ce point délicat une attention toute spéciale et, afin de surveiller sérieusement les jeunes écervelés, il est prudent de ne les introduire dans la meute que deux par deux. Une trop grande quantité de néophytes donnerait quelquefois une hésitation à l'ensemble et risquerait même de décourager certains bons chiens.

On voit souvent de jeunes élèves se déclarer au bout de deux ou trois chasses et suivre les autres avec docilité. — Il ne sont pas tous aussi faciles et ceux qui deviennent plus tard les meilleurs sont quelquefois les plus difficiles à entraîner, aussi faut-il souvent faire leur première éducation en dehors de la meute.

J'ai souvent employé un bon moyen et qui m'a presque toujours réussi : c'est tout simplement une promenade en forêt une heure après le coucher du soleil. Si les jeunes chiens sont réellement doués, ils ne résistent pas aux pistes fraîches du crépuscule et il est bon de les sortir avec un bon maître d'école pour les initier dès les premières leçons aux bons principes de la sagesse et de la méthode.

Une fois qu'ils auront connaissance du

sentiment du gibier et de la confiance qu'ils doivent à leur professeur expérimenté, ils pourront entrer en meute et y développer rapidement toute leurs précieuses qualités.

Dans les qualités essentielles que nous désirons chez tout bon chien courant, nous citerons en première ligne l'action du requêt.

Une meute composée de chiens actifs et requérants peut souvent prendre sans le secours du piqueur. Aucune science humaine, aucune expérience ne peut suppléer au travail de bons requérants d'autant plus que les genres, dans cette qualité, varient selon les sujets.

Je ne peux mieux faire, du reste, que de mettre sous les yeux du lecteur, les remarquables observations faites par M. le comte E. de Vezins. — Je copie le texte : « L'action du *requêt* n'est pas identique chez tous les bons requérants : elle varie en général, suivant leur genre de chasse. Les chiens décidés, se détachent promptement, et font un travail large et rapide. Les chiens de centre se requêtent plus près, ou agissent à la voie et par la voie. Cette dernière spécialité n'est pas bien appréciée par certains veneurs, qui se laissent trop dominer par leurs sympathies exclusives; nous ne partageons pas leur avis. Les chiens qui requêtent à la voie et par la voie sont très utiles dans un équipage, dans lequel ils ne doivent d'ailleurs figurer qu'en petit nombre; ils sont le complément des chiens à grand requêt, et apportent à l'action commune une sérieuse part de services, surtout les jours de mauvaise terre. En travaillant pas à pas à la voie, ils parviennent à la redresser, là ou d'autres l'ont surallée, en recherchant par hourvaris; ils ont surtout une application précieuse sur les fins du lièvre, à ce moment où l'animal n'ayant plus la force de fuir, refoule sur ses traces et se relaisse souvent; ils arrivent presque toujours à le relancer, alors que les chiens détachés sont exposés à le laisser blotti dans l'intérieur des cercles qu'ils exécutent. Il est, chez le chien courant, le principe d'où surgissent les grandes supériorités. En effet, ces lignes remarquables nous font assister à toutes les péripéties de la fin d'un lièvre, et nous admirons de plus en plus cette qualité des petits requêts. Ces chiens qui, en chasse bien allante, paraissent ordinaires, deviennent de petites merveilles au moment où les autres sont momentanément inutiles, ce qui prouve que tous les genres de requêts sont indispensables. »

DE LA DÉCISION

La décision est une qualité maîtresse chez le chien courant. Lorsqu'un chien est décidé il se porte en avant et cherche avec avidité tout en se maintenant sur la voie.

Cette qualité est indispensable à un chien courant, car, lorsqu'elle n'existe pas, elle est forcément remplacée par un défaut lorsque le chien trop collé à la voie, musarde et clabaude à la même place. Il est impossible d'essayer de forcer un animal qui a besoin d'être mené rondement lorsqu'on chasse avec une meute composée de sujets trop collés.

Quelques amateurs font grand cas de ce genre de chiens qui peut avoir son utilité dans la chasse à tir, mais qui ne peut jamais avoir sa place dans les équipages qui ont des prétentions au succès et à la prise.

Comment voulez-vous, en perdant du temps, forcer un animal qui a un sentiment aussi léger que celui du lièvre ? Il faut surtout, les jours de mauvaise terre et de vents contraires, maintenir le train dans une moyenne régulière, éviter de laisser prendre l'avance à l'animal de chasse, afin de ne pas multiplier les difficultés ; en un mot, il faut une meute bien allante et bien décidée.

Et j'ai dit que le manque de décision était remplacé par un défaut ou par un vice. Je viens d'expliquer plus haut ce genre de défaut. J'arrive au plus grand vice du chien courant : je veux parler du chien qui chasse en contre-pied ou qui recule.

Le chien chasse en contre-pied lorsqu'il suit la piste du gibier en sens contraire, c'est-à-dire lorsqu'il la suit dans le sens opposé à la direction prise par le lièvre. Quelques veneurs expérimentés prétendent pouvoir faire perdre ce vice à certains chiens fins de nez lorsque la jeunesse peut excuser cet accident. Je suis très apposé à cette opinion, et j'offre la corde la plus solide aux chiens qui débutent par les contre-voies. C'est pour moi un défaut impardonnable, qui est susceptible de désorganiser tout, et qui ne se perd jamais; il peut incontestablement s'amoindrir lorsque le chien est assez docile de sa nature pour suivre ceux qui sont dans la bonne voie, mais lorsqu'il est réduit à lui-même et qu'il agit seul dans un défaut difficile, le naturel revient au galop, et la décomposition morale de l'équipage ne tarde pas à s'en suivre. Aussi condamnons-nous radicalement et sans circonstances atténuantes le chien qui chasse le contre-pied.

Nous terminerons cet article en vous entretenant des chiens qui ont la gueule chaude ou le défaut contraire.

En général, nous devons tolérer dans un bon équipage deux espèces de genres très distincts : les rapprocheurs et les chiens qui ne donnent que sur le débout.

Les rapprocheurs sont des chiens très agréables sur les matinées et sur les voies froides. Ils aident incontestablement la chasse avant la levée du gîte. Ce sont des sujets d'une finesse de nez incomparable et on doit les rechercher pour la bonne composition d'une meute.

Quant à l'autre genre, qui ne donne que sur les débouts, il a aussi sa grande utilité pour les renseignements certains qu'ils procurent aux veneurs. On sait que tel chien ne donne que sur une piste chaude et lorsqu'on l'entend, on sait où on en est. Je donne la préférence aux rapprocheurs, car je fais grand cas du plaisir de la chasse sur une matinée. Un beau rapproché bien mené au son de la trompe et des encouragements, grossissant à mesure que la voie s'échappe, prépare assurément la chasse et les chasseurs. Cependant je conseille quelques chiens qui ne donnent que sur le débout.

Ne me parlez pas des autres genres, de ceux qui crient toujours ou de ceux qui ne crient pas du tout. Un chien qui a la gueule chaude est assurément un chien vicieux : il donne de la gorge à tous propos, sans savoir ce qu'il fait : sur les émanations des oiseaux, des mulots, des petits fauves, et même souvent sur rien du tout. Il est aussi à envoyer au gibet et sans rémission, vu qu'il agace ses camarades et même ceux qui l'entendent. Quant à celui qui ne crie presque pas, c'est, ou un voleur de voie, ou une nullité. Dans le premier cas il est vicieux et à pendre, dans le second c'est une non-valeur et n'a pas sa place dans une meute bien ordonnée.

Soyez ferme et inflexible si vous désirez arriver à un résultat. Eloignez sans pitié tous ces parasites, en portant vos préférences sur une sélection bien définie, bien raisonnée et surtout bien ordonnée. Mieux vaut n'avoir que huit ou dix bons sujets allants, ameutis, requérants et bien ajustés que de les environner de cinq ou six médiocrités plus ou moins vicieuses qu'on a quelquefois la faiblesse de conserver on ne sait trop pourquoi, et qui sont toujours la cause des chasses manquées ou difficilement terminées.

QUALITÉS PHYSIQUES

Les qualités physiques indispensables aux chiens composant une meute pour courre le lièvre sont divisées comme suit : Le nez, le fond, la gorge et ensuite l'élégance et la distinction.

LE NEZ ET LE FOND

La *finesse de nez* est la qualité maîtresse du chien courant. Pas de nez, pas de chien ; aussi est-elle indispensable et recherchée avant toutes les autres. Certains auteurs affirment que le chien courant a le sens de l'odorat plus délicat à mesure qu'il avance en âge. Je crois en effet qu'il sait mieux se servir de son nez et que ses qualités physiques paraissent plus perfectionnées, mais c'est uniquement parce que ses qualités morales et son intelligence se sont développées au fur et au mesure qu'il a acquis de l'expérience et de la mémoire.

Le chien courant qui possède un bon nez et qui est intelligent devient vite un bon auxiliaire ; il est chien de décision et d'entreprise, et il est tellement aidé par cette précieuse qualité qu'il a toujours confiance en lui-même et qu'il n'hésite pas où les autres sont indécis. Il est aussi bon rapprocheur et par conséquent très apprécié sur les matinées. Je dois cependant faire remarquer que certains chiens, tout à fait froids de gueule et qui ne donnent que sur le débout, sont aussi délicatement doués

que les grands rapprocheurs, et j'ai vu assez
souvent, quelques heures après le lever du soleil, le genre de ces chiens se traduire avec
éclat en manifestation indicatrice, pour m'au-
toriser à croire que si la voix ne sortait pas, le
petit pipement et les allures frémissantes du
sujet suffisaient pour le juger et le classer aux
premiers rangs de l'équipage.

Le *fond* et la *tenue* sont indispensables pour
faciliter et multiplier les succès et les réus-
sites.

Le chien courant ne doit jamais être fatigué,
sans quoi il perd ses plus précieuses qualités.
S'il suit gaiement et gaillardement, il arrive à
la prise aussi frais qu'au départ; si au contraire il tire la langue et reste en arrière il
n'a plus qu'un soucis celui de suivre les autres.
Ne lui demandez pas d'être criant, adroit et fin
de nez; il est fatigué et par conséquent inca-
pable de contribuer à rendre n'importe quel
petit service.

Le chien sage et ardent a beaucoup plus de
tenue que le chien violent et emporté. Toutes
ces qualités se complètent les unes par les
autres, et la méthode, la chasse droite et
ajustée ne peuvent que conserver la régularité
du train.

Que faut-il de temps pour prendre un Lièvre?
Deux heures, deux heures et demie à peine
à la condition que le train soit soutenu sans
être vite. Un chasseur qui a de la patte,
c'est-à-dire qui a un bon jarret, peut toujours
suivre sa chasse. Que le lièvre soit toujours

inquiet et se sente poursuivi, qu'il ne puisse pas prendre l'avance par suite d'arrêts et de défauts trop souvent répétés, et on ne tarde pas à l'échauffer. La première heure est celle des grands partis, il fait ses grandes *randonnées*; si c'est un animal de quartier, il parcourt les plaines où il a l'habitude de se nourrir pendant la nuit, revient plusieurs fois au lancé, et finalement entre dans la période des ruses; c'est alors que commence la phase la plus difficile et la plus savante de la chasse. Si, au contraire, c'est un bouquin des environs, il file rapidement et en droite ligne dans ses vastes domaines et entraîne l'action finale de la chasse à plusieurs kilomètres de l'endroit où il a été attaqué. C'est dans ce dernier acte de la chasse qu'il faut le maintenir de près et lui chauffer les oreilles, et, lorsqu'il est vaincu dans ses ruses et dans ses artifices il devient souvent affolé et fait de suprèmes efforts pour échapper à la meute : il gagne les troupeaux de moutons, se cache dans les trous, dans les aqueducs, monte sur les troncs d'arbre, enfile des rues de village tout entières et entre dans la première grange venue. J'en ai vu souvent passer des cours d'eau plusieurs fois dans la même chasse et se faire relancer mieux que jamais, puis finalement succomber dans la raie d'un champ, au milieu des chiens.

Toutes ces péripéties de la chasse au lièvre, tout cet imprévu charmant, tout cet attrait du hasard, ne peuvent s'apprécier qu'avec des chiens irréprochables de fond et de tenue.

Toutes ces difficultés accumulées les unes sur les autres et vaincues à mesures qu'elles se présentent, constituent la science de la chasse et non seulement entretiennent la passion cynégétique, mais la développement jusqu'au délire.

Aussi donnons-nous la palme d'honneur à l'équipage qui se maintient digne par le fond et le train soutenu et régulier.

LA GORGE, L'ÉLÉGANCE ET LA DISTINCTION DES FORMES

Si le chien français n'a pas la vitesse exagérée de ses confrères d'Outre-Manche, s'il ne peut jamais prendre en une heure, il a pour lui la *gorge* puissante et harmonieuse. On ne peut avoir l'un et l'autre : en développant le train et la vitesse on ne les acquiert qu'au détriment de la gorge.

Quant à moi, qui suis un fanatique du chien français, je ne sacrifierai jamais la voix à la vitesse. Je tiens en trop haute estime toute la science et le travail indispensables à la prise, et, pourvu que je prenne en deux heures et même deux heures et demie, je considère ces deux heures de jouissances tellement intéressantes que je regrette souvent qu'elles ne durent pas plus longtemps.

On distingue généralement deux genres de *gorges :* les *hurleurs* et les *cogneurs*. Les *hurleurs* se répètent moins souvent, mais la voix se prolonge plus largement; quant aux *cogneurs*, ils donnent en général chaque fois qu'ils goû-

tent la voie, ou qu'ils rencontrent le sentiment du gibier, soit par terre, soit à la branche, où dans la colonne d'émanation ; le mélange de ces deux caractères, en ayant plus de *cogneurs* que de *hurleurs*, donne généralement un ensemble très apprécié des amateurs.

Les Ariégeois ont, comme tous les chiens du midi, la voix beaucoup plus grave que leurs frères de l'Est et de l'Ouest. Les Francs-Comtois et les Artésiens ont le timbre de la voix beaucoup plus sonore, les tons en sont plus élevés ; nous en connaissons dans ces deux espèces dont les notes argentines surpassent toutes les autres et s'entendent de très loin. C'est lorsque les vents sont contraires et que l'atmosphère est remplie de brouillards, si mauvais conducteur du son, qu'on sait apprécier ces gorges ronflantes : les voix perçantes traversent les plus grandes distances, se répètent et se multiplient par échos dans les vallons des forêts et aidant le veneur à suivre la meute, ou à retrouver la chasse.

Si la *gorge* est la jouissance de l'ouïe, l'*élégance* et la *distinction* sont celles de la vue ; ces deux qualités, loin d'être indispensables, flattent d'autant plus l'amour-propre du maître d'équipage, qu'elles dénotent chez ce dernier la correction du goût. Jamais un veneur distingué ne consentirait à mettre en chasse, sous sa signature, une meute composée de cabots à queue en corps de chasse, ou à stucture équivoque.

Celui qui a l'amour du beau le recherche

partout, le désire instinctivement et les compliments dont le chef d'équipage est comblé journellement, non seulement l'encouragent, mais le forcent à maintenir toujours et quand même, la marque qui fait partie de sa réputation.

Je vous engage donc, chers lecteurs, à exiger le bon et le beau ; vos jouissances seront doublées, et votre fierté sera souvent récompensée par les hommages flatteurs qui vous seront justement prodigués.

Le cavalier aime à monter un coursier fougueux et fringant ; le vrai chasseur, par les mêmes aspirations, ne tolère dans son équipage que des chiens élégants et distingués.

Nous terminerons cette seconde et dernière partie en empruntant aux notes de M. de Vezins le passage qu'il signale dans l'ouvrage de M. La Conterie :

« Il est si fort important, à quiconque lève un équipage, de le former de chiens convenables, bien faits et bien choisis, que, sans cela, il ne peut en tirer qu'un plaisir très imparfait. La taille n'est à considérer que relativement à celle de la bête que l'on veut chasser, mais, pour ce qui est des signes de bonté et des attributs de la beauté, les uns et les autres doivent se rencontrer dans un petit chien comme dans un plus grand.

« Le chien courant, pour être bien fait et beau, doit avoir la tête bien attachée et plus longue que grosse, le front large, l'œil gros et gai, les naseaux bien ouverts et plus humides que secs, l'oreille basse, mince, avallée, papillotée en dedans, et plus longue que le nez de deux doigts seulement ; le corps d'une grosseur et d'une longueur proportionné à celles des jambes, de sorte que, sans être trop long, il soit plus étriqué que goussant ; les épaules ni trop ni trop peu larges, le rein large, haut et harpé ; les hanches hautes et larges, la queue grosse près des reins, mais se terminant comme celle d'un rat et légèrement tournée en demi-cercle ; la cuisse bien troussée et gigotée, la jambe nerveuse, le pied sec, les ongles gros et courts. »

Nous complèterons ces lignes remarquables en recommandant de choisir toujours les chiens qui ont le bout de la patte ronde, ressemblant à celle d'un chat, et d'éloigner ceux qui l'ont longue comme celle du lièvre ; ces derniers ont beaucoup moins d'aplomb et se fatiguent beaucoup plus vite.

Les couleurs doivent être franches et assorties. Chez les Francs-Comtois, le poil doit être doux et fin et l'orangé bien accentué ; sans être pâle ; les Ariégeois sont blancs tachés de noir et souvent avec quelques petites taches de feu ; les Gascons leurs voisins sont en général truités et marbrés de bleu avec quelques taches feu Ces deux races croisées ensemble, dans les tailles de 20 à 21 pouces, donnent des chiens très élégants au premier croisement.

Maintenant, chers lecteurs, il me reste à vous remercier de toute votre indulgence, et je vous prie de me pardonner surtout mon exclusivisme pour les chiens français.

Si, de temps en temps, j'ai reçu de certains confrères en saint Hubert, une approbation flatteuse de mon travail, je dois vous avouer que je n'ai pas été épargné par les amateurs de chiens anglais, qui m'ont apostrophé par des critiques plus que vives. Je m'y attendais et je pense en recevoir encore. J'ai la force des convaincus et l'expérience des deux espèces ; J'ai vu chasser et parfaitement chasser des équipages de Beagles et de Harriers, mais rien ne vaut, pour moi, la chasse à courre du lièvre avec des chiens français, chasse que j'ai eu le plaisir de pratiquer moi-même pendant de longues années et avec assez de succès et de satisfaction pour vous dire au revoir, en criant à gorge déployée : Vive le chien courant français !

ADDENDA

—

Depuis la publication de la première édition de mon travail sur *La Chasse à courre du lièvre*, j'ai reçu quelques critiques. Celle entre toutes qui mérite la première une réponse est ainsi conçue :

« *Si le chien anglais est moins fin de nez, il balance ce désavantage par son train très soutenu. Il est raide de pied au départ, pousse vite un lièvre au bout d'une heure de chasse, ne lui laisse pas prendre d'avance et arrive à lui faire comprendre que ruser, c'est s'exposer à être gobé. Aussi, beaucoup moins de défauts. Il crie souvent très bien et possède une qualité native inappréciable : Il se créance facilement et garde le change.* »

J'avoue avoir exagéré un peu les défauts des Beagles et des Harriers. Si j'ai froissé quelques respectables convictions, je prie mes lecteurs de me le pardonner et je vais essayer, par le raisonnement, de faire prévaloir mes idées.

J'accorde au chien anglais une tenue incomparable, eu égard à sa grande vitesse, ce qui lui permet de prendre en une heure, une heure et demie, les jours de bonne terre et de bons vents. Mais les mauvais jours que fait-il ? Que devient-il avec son nez moins fin ? Il est incontestablement inférieur à celui qui a le sens olfactif plus délicat. Or, lorsque dans une méute de chiens français, les premiers sujets ont du mal de se maintenir droits sur la voie, comment voulez-vous adme're la concurrence des chiens anglais dans une pareille circonstance, puisque vous les reconnaissez moins fins de nez. Les jours de mauvaise terre, le Lièvre peut se trouver à 200 mètres de la meute et ne laisser qu'un soupçon de sentiment. Encore faut-il avoir la délicatesse naturelle pour le relever, ce soupçon. C'est là, pour moi, où les chiens français sont supérieurs; ils conservent une tenue régulière, conséquence de la sagesse, de la science et de la finesse de l'odorat. C'est très beau d'aller vite quand on chasse le nez haut dans une colonne de venaison parfumant 50 centimètres de hauteur; avec un peu de nez et des pattes, on finit par rattraper celui qui succombe après une fuite d'une vitesse exagérée. Évidemment le lièvre n'a pas le temps de ruser, puisqu'il est toujours serré de près, et il ne tarde pas à s'avouer vaincu. Mais si la colonne de venaison n'existe pas, et que le sol seul conserve à peu près le sentiment et seulement à la place où le Lièvre a posé ses pattes, je soutiens qu'il faut d'abord du nez, avant tout du nez, et que le train dans cette circonstance n'est que secondaire. La preuve, c'est qu'avec un train *très modéré*, mais soutenu, un lièvre est forcé, et bel et bien forcé, en deux heures et demie. Il a beau ruser de toutes les façons, il ne peut résister à deux heures et demie de

petits trots alternés de fuites affolées ; il perd
la tête, se foule, se fait relancer et finalement
se laisse coiffer par un des malins de la meute.
On peut donc forcer avec les deux manières.

Les jours de bonne terre et de bons vents,
on force plus vite avec les anglais. Les autres
jours, je crois pouvoir affirmer qu'on ne force
jamais sans le secours du piqueur.

Avec les chiens français, on force par tous
les temps, même sans le secours du piqueur.
C'est une question de qualité des sujets et de
composition de la meute.

On dit aussi qu'il y en a qui crient très
bien. Très bien n'est pas le mot. En général, ils crient tous en chiens d'arrêt, quand
ils crient, et enfin, si on veut même accepter
qu'ils crient fort bien, ils ne sont jamais
de taille à accepter la comparaison avec
les chiens français. Maintenant, c'est encore
affaire de goût, il doit y avoir des veneurs
qui préfèrent en meute la musique des anglais
à celle des français. Nous n'avons pas la force
de les convaincre ni l'envie d'essayer, nous
préférons respecter l'opinion de loyaux adversaires, tout en conservant la nôtre.

J'estime qu'on peut forcer un gros lièvre bien
râblé en deux heures et quart par un train
de huit à dix kilomètres à l'heure. Un con-
tradicteur dit dix à douze kilomètres. Je maintiens huit à dix kilomètres, soit, pour deux
heures un quart, vingt-deux à vingt-trois kilomètres environ, ce qui est pour moi un maxi-
mum. C'est en suivant des chasses à courre,

et toujours à pied, depuis vingt-cinq ans, que je sais faire la différence entre vingt-deux et vingt-sept kilomètres. Mon expérience ne peut admettre plus de dix kilomètres en moyenne. J'ai souvent rencontré de vieux bouquins qui, après une randonnée de quelques minutes en forêt, prenaient un parti en filant raide tout droit devant eux, et il m'a été facile de me rendre compte du temps et du chemin parcouru entre l'attaque et la prise. Il est sous entendu que je veux parler des jours où il fait bon chasser.

Certains veneurs admettent la composition suivante de la meute : Chien de tête ; mâle de préférence et le plus gorgé de tous ; chiens de chemin, un ou deux ; deux ou trois chiens de queue travaillant volontairement en arrière du gros de la meute, et enfin deux ou trois chiens de meute proprement dits ne cherchant jamais à brûler le chien de tête ni les chiens de chemin et se plaçant au centre de la meute c'est-à-dire devant les chiens de queue. Ces mêmes amateurs n'admettent pas la requérance de grande entreprise comme qualité morale et la bannissent entièrement de leur équipage.

Ma désignation de *musiciens* comme titre au gros de la meute a soulevé bien des critiques injustes. On m'a même écrit : « A pendre, un musicien qui n'a pas d'autres qualités. » Moi, je réponds : « A conserver et non à pendre, s'il n'a pas de vice. »

Un chien qui n'a pas de vices et qui possède au moins une qualité a sa place dans une meute, et, à l'appui de la thèse que je soutiens, j'ai la prétention de rapprocher l'ensemble des qualités exigées des musiciens de celles des chiens de meutes classés par mes critiques.

Lorsque je donne place dans une meute à un sujet doué d'une belle voix, j'ai bien soin d'exiger qu'il soit docile, qu'il rallie rapidement, qu'il ne soit pas bavard et je dis qu'avec sept ou huit chiens pareils, un bon chien de tête, deux chiens de chemins et deux chiens seconds bien requérants, on peut prendre facilement; et je dis aussi que si on a la chance d'avoir dans ce groupe plusieurs sujets de première qualité, la meute n'en est que plus allante et la besogne des têtes de la colonne se trouve considérablement soulagée.

Enfin je termine en disant que je vais entrer dans des considérations générales indispensables et parler des qualités physiques et morales que tout chien doit avoir pour chasser en groupe. J'insiste sur tous ces détails pour bien prouver que, dans les musiciens, je n'exige que des chiens doués ordinairement de ces dites qualités, mais j'exige qu'ils les possèdent toutes. La critique sur le mot *musicien* n'est donc pas bien solide puisqu'elle ne s'étend que sur le mot, sans toucher aux compléments imposés et aux explications clairement et loyalement exposées.

J'appelle *musiciens* ce qu'on appelle ordinairement *chiens de queue* et *chiens de meute*. Au fond, nous sommes d'accord puisque je consens comme eux à admettre pour ce groupe les mêmes qualités physiques et morales, excepté une, sur laquelle je ne consentirai pas à faire la moindre concession, *la réquérance de grande entreprise.*

Examinons sans passion si cette qualité est plus nuisible qu'utile pour aider à la prise.

On ne peut reprocher au chien de grande requête que le change. Si vous voulez chasser le lièvre à courre avec succès, il faut le chasser dans les pays où des difficultés ne se rencontrent pas à chaque pas. Des forêts où bondissent les chevreuils par troupeaux, des plaines où les lièvres défilent par bataillons, ne sont pas aménagées pour chasser le lièvre à courre avec succès et il est de toute évidence qu'un chien requérant qui n'est pas de change, peut entraîner la meute sur un animal qui se dégîte dans un défaut. Loin de moi la pensée de contester l'évidence. Aussi, dans de pareilles chasses, je crois qu'il est difficile de prendre même avec une meute bien créancée. C'est du reste un obstacle très ordinaire et qui se rencontre dans les chasses à courre de tous les animaux, puisque les chiens de change sont indispensables pour réussir dans les forêts vives en gibier.

Il faut donc, dans ces conditions, exiger que les requérants soient de change. Mais avouons, en bonne franchise, que si l'on veut réussir, on ne sème pas à plaisir les difficultés sur sa route. Dès qu'on désire chasser le lièvre à courre, on cherche les moyens pratiques d'en rendre la prise possible et elle ne peut se faire avec succès que dans les endroits où le gibier y habite sans y grouiller. C'est du reste ainsi qu'il se rencontre presque partout en France, le contraire est une exception et je mets au défi n'importe quel veneur de prendre régulièrement, *sans le secours du piqueur*, s'il ne possède pas dans sa meute un ou deux requérants de grande entreprise. C'est presque toujours lui qui sauve la chasse dans les situations désespérées. Je maintiens donc, au premier rang des qualités morales, la requête de grande entreprise, d'autant plus que j'ai souvent rencontré d'habiles requérants, actifs et bien collés, être parfaitement de change, ce qui prouve que la difficulté en question est à la rigueur susceptible d'être vaincue. Quant aux amateurs qui suppriment les requérants de grande entreprise, ils sont susceptibles de prendre, les jours de bonne terre et de bon vent, lorsque le hasard le permet, mais à cette condition seulement, car ils restent souvent dans les veules où d'autres moins difficiles savent prendre haut la main.

Je me range donc du côté des derniers en sacrifiant peut-être les grands principes à la pratique.

FIN

TABLE DES MATIÈRES

1374-87 — Vincennes. Imp. Albert Lévy et Frère, 2, rue Lejemptel.

ZOOTECHNIE, DE CHASSE

D'ACCLIMATATION

ET DE LA

MÉDECINE COMPARÉE DES ANIMAUX UTILES

HONORÉ D'UNE SOUSCRIPTION DU MINISTRE DE L'AGRICULTURE

Rédacteur en Chef :

Pierre MÉGNIN, ✳, ○ ❀, ☷

LAURÉAT DE L'INSTITUT

PRIX DE L'ABONNEMENT :

POUR LA FRANCE	POUR L'UNION POSTALE
Six mois, 8 fr. — Un an, 15 fr.	Six mois, 9 fr. 50 — Un an, 17 fr.

RÉDACTION ET ADMINISTRATION

19, Rue de l'Hôtel-de-Ville, à VINCENNES
(Près Paris)

Bureau de Vente au numéro et d'abonnement

Passage des Panoramas, 19, à PARIS

Des **consultations vétérinaires**, particulièrement en ce qui concerne les maladies de peau, les maladies parasitaires ou microbiennes des animaux, des **comptes-rendus d'autopsies et d'examen de pièces pathologiques** sont donnés gratuitement, aux Abonnés, par la voie du journal. Les cadavres d'animaux et les pièces provenant d'animaux malades doivent être adressés franco au Bureau du Journal auquel est annexé un Laboratoire.

Des **consultations juridiques** sont aussi données par la même voie sur toutes les questions concernant la Chasse, le Commerce des Animaux, etc., etc.

Enfin, des **offres et demandes gratuites**, réservées exclusivement aux abonnés, sont aussi insérées dans le Journal.

Vincennes. — Imp. Alb. Lévy et Frère, 2, rue Lejemptel.